Daniel KOTONG

Pour l'amour d'un Chien

Daniel KOTONG

Pour l'amour d'un Chien

Éditions Muse

Imprint
Any brand names and product names mentioned in this book are subject to trademark, brand or patent protection and are trademarks or registered trademarks of their respective holders. The use of brand names, product names, common names, trade names, product descriptions etc. even without a particular marking in this work is in no way to be construed to mean that such names may be regarded as unrestricted in respect of trademark and brand protection legislation and could thus be used by anyone.

Cover image: www.ingimage.com

Publisher:
Éditions Muse
is a trademark of
Dodo Books Indian Ocean Ltd. and OmniScriptum S.R.L publishing group

120 High Road, East Finchley, London, N2 9ED, United Kingdom
Str. Armeneasca 28/1, office 1, Chisinau MD-2012, Republic of Moldova, Europe
Printed at: see last page
ISBN: 978-620-7-81206-6

Daniel KOTONG

Pour l'amour de son Chien

Roman

Une pensée pour tous les enfants abandonnés du monde, qui, un jour, avec le sourire aux lèvres, découvrirons cette œuvre et se reconnaîtront certainement dans ce modeste tableau.

7

Prologue

Alors qu'il était élève en classe de troisième année de l'enseignement secondaire Technique et Commercial à Yaoundé en 2012, Daniel KOTONG, de son vrai nom Gervais Daniel Gaëtan NDANGUE KOTONG, a décidé d'écrire cette œuvre qui est son premier essai, car depuis sa naissance, il voit son père écrire des œuvres littéraires et artistiques. Pour faire comme ce dernier, il se décide donc à écrire cette histoire qui est un fait social mais qui porte quelques brins de fiction.

Dans cette littérature pour enfants, il raconte une histoire d'amour entre Nick, un petit chien abandonné dans la brousse et récupéré par Cristal l'orpheline qui devient sa petite maîtresse et même sa confidente. Cristal est une pauvre orpheline maltraitée qui, finalement, n'a eu jusque-là pour seul et véritable ami que son chien. Plus tard, Cristal va rencontrer un jeune garçon, Georges, qui est pourtant son cousin de la même génération et avec qui elle partage la même parenté. Celui-ci le soutiendra pendant les moments les plus difficiles de sa vie de jeune adolescente. Ils vivent tous dans le même village, à Bégui, le garçon, sous la responsabilité de ses parents biologiques et Cristal l'orpheline, sous la responsabilité de son oncle et tuteur. Vont-ils se rapprocher l'un de l'autre au point de parvenir à découvrir les secrets de ce jeu qui, à tort ou à raison, n'est, le plus souvent, réservé qu'aux grandes personnes ? Vont-ils réussir à consommer leur amour sous le sceau de l'inceste, à l'insu de tout le village ?

L'auteur a voulu placer les scènes dans son terroir d'origine qu'il estime d'ailleurs beaucoup ; c'est-à-dire à Bégui, un village en pays Yambetta et à Bafia d'où sortent ses géniteurs.

Chapitre 1 : Cristal et son chien Nick.

Il était une fois, une petite fille appelée Cristal. Elle vivait avec son chien Nick chez son oncle paternel. Elle avait douze ans. Mais elle n'en avait pas l'air parce qu'elle était plus grande stature. Elle avait perdu ses parents très tôt et son oncle l'avait récupéré, non parce qu'il voulait l'aider en tant que sa nièce, mais parce que cela ferait une main d'œuvre, quelqu'un qui s'occuperait des tâches ménagères et champêtres en lieu et place de ses propres enfants. Cristal n'était donc pas la bienvenue dans cette maison où elle n'était pas si bien traitée. Elle vivait dans une chambre à l'extérieur de la maison, un peu comme une desserte. Cette pièce, avant son arrivée, servait de magasin fourre-tout. Elle avait donc été aménagée pour la recevoir.

Quant au petit chien, elle l'avait trouvé errant dans la brousse car il avait perdu de vue sa mère. La chienne errante avait été abattue par un chasseur, qui l'avait confondue à un renard. Elle l'avait alors récupéré, l'avait ramené à la maison et l'avait baptisé du nom de Nick. Elle l'avait nourri et soigné dans une cachette construite par ses soins dans la broussaille pas très loin de la maison, au point qu'il était devenu un gros chien très beau. Nick mangeait tout ce que lui donnait sa petite maîtresse. Elle connaissait bien ses préférences dans l'alimentation. Nick avait un trait particulier qui surprenait les gens. Il avait un visage brun clair, très clair même, bien plus clair que le reste du corps qui, lui, était d'une couleur sombre. Si bien qu'on disait du chien qu'il avait un visage décapé depuis le sein de sa mère. Cristal aussi avait les mêmes traits que son chien. Elle était beaucoup plus claire sur le visage alors que le reste du corps était d'un teint chocolat. Le hasard avait voulu que ce fût ainsi. Mais elle avait un défaut, Cristal, c'est qu'elle n'aimait pas mettre des souliers. Elle avait pris l'habitude de marcher avec les pieds nus, toujours en contact avec la terre. Et si elle ne les mettait pas, c'est surtout parce que ses tuteurs ne les lui en procuraient pas qui soit à sa pointure. Elle avait une seule paire de chaussures en plastique qu'elle portait le dimanche pour aller à l'église. Elle était donc contrainte de marcher pieds nus tous les jours de la semaine, ce qui avait rendu ses pieds un peu palmés par devant et la plante des pieds aussi dure que l'écorce d'un arbre centenaire. Cristal pouvait donc parcourir la forêt sans crainte de se faire transpercer la plante des pieds par une ronce ou tout autre objet tranchant.

Elle habitait donc à Bégui, dans une maison en terre battue blanchie à la chaux vive et surplombée d'un toit en tôles ondulées encore neuves qui brouillaient les yeux quand il faisait soleil. Il y avait seulement un an que son oncle, après avoir fait une fructueuse vente du cacao, avait pris soin de la refaire avant l'arrivée du Sous-préfet de la localité qui devait venir en visite officielle pour l'installation du nouveau chef du village.

Nick était donc le compagnon de Cristal partout. Au champ, à la rivière, pendant de simples promenades au village, ils étaient toujours ensemble. Quand elle allait à l'église le dimanche ou alors quand elle allait au catéchisme, son chien Nick lui, restait dans la cour pour attendre la fin de l'office religieux ou des cours de religion. Parfois, il allait et venait tout autour de l'église, ramassant par ci par là des petits bouts de nourriture que les hommes avaient laissés tomber par terre.

Mais il n'allait jamais loin du lieu où était sa petite maîtresse. A l'église, de l'extérieur, il lui arrivait même parfois d'accompagner la chorale avec sa voix dissonante lorsque celle-ci chantait. Elle aimait tellement son chien qu'elle ne faisait jamais rien sans qu'il ne soit tout près d'elle. Parfois en le portant dans ses bras, elle l'appelait même *mon petit bébé*. Car, c'est le seul être qui, dans cette maison, lui procurait la joie de vivre à cause de l'amour qu'il lui portait et que les êtres humains comme elle n'arrivaient pas à lui donner. Dans la maison de son oncle, la petite adolescente était plutôt considérée comme une bête de somme.

Cristal et Nick avaient donc l'habitude de jouer ensemble et cela tous les jours si bien que cela rendait jaloux les autres petits garçons et filles du village qui auraient voulu être à sa place. Ils étaient de bons complices. Et certains enfants du village avaient même demandé à leurs parents de leur offrir en guise de cadeau, un petit chien comme Nick. Elle partageait donc avec lui beaucoup de tendresses et même les repas. Cristal et Nick, malgré tout ce qui se passait autour d'eux d'écœurant, étaient les plus heureux des êtres dans cette maison qui était la plus belle maison du village, et surtout par sa position au sommet du plus grand plateau, qu'à son arrivée, elle avait nommé *la colline aux oiseaux*. Et cela, à cause de tous ces grands tecks au tour des habitations, qui donnaient un air paradisiaque à cet endroit, avec ces oiseaux dans leurs nids, qui psalmodiaient des airs mélodieux. Et Cristal trouvait ça très beau.

Peu importe ce qu'elle vivait dans cette maison comme maltraitance, pour Cristal, son village, Bégui était l'endroit le plus fabuleux où elle a vécu de toute sa vie. Un réveille matinal au doux chant des oiseaux et des chefs de la basse-cour, un air frais et doux, qui caresse légèrement la peau à l'aube.

Une fois, Cristal en puisant de l'eau dans la rivière, s'est oubliée par un jeux avec son chien, et a failli se faire emporter par le courant. Mais son petit Nick était présent comme d'habitude, et avec sa petite force de chien, il a poussé un tronc de palmier qui avait servi à recueillir du vin de palme, et l'envoya dans la rivière, grâce à une pierre dans cette rivière qui a bloqué le tronc, Cristal a pu s'en sortir. Et après cette aventure, Cristal et Nick était joyeux d'avoir joué dans de l'eau, mais elle n'avait pas mesuré la gravité de la situation. Et c'est ainsi qu'ils jouaient tout le temps afin de passer le temps.

Chapitre 2 : La dispute

Un jour, Nick, on ne sait pas trop pourquoi, avait mis la chambre de Cristal sens dessus dessous. Peut-être voulait-il tout simplement s'amuser, jouer à cache-cache en se roulant dans les vêtements de Cristal. Elle avait trouvé que tout était dans un état désordonné dans leur chambre si bien que la remettre en ordre demandait beaucoup de temps et d'énergies pour elle qui n'avait jamais assez de temps pour s'occuper d'elle-même dans cette maison. Craignant la colère de sa marâtre à son retour, Cristal, tout en essayant de remettre les choses en ordre, se mit à réprimander son chien.

Nick, qu'est-ce que tu as fait ? Cette femme, tu sais bien qu'elle ne m'aime pas du tout. Elle va encore me gronder, me frapper et me refuser à manger. Regarde, en combien de temps vais-je arranger tout ça, avant son retour, hein ? Allez, ouste, hors de ma vue et vite, va rester dehors et à genoux s'il te plaît, lui dit-elle.

Elle lui avait donc fait une réprimande comme on en fait à une personne pour qui on a de l'estime et même beaucoup d'affections.

Alors Nick, après l'avoir regardé dans les yeux, sortit après lui avoir exprimé son mécontentement à sa manière. Il se mit plutôt à s'éloigner en prenant la route de la ville à l'insu de sa petite maîtresse qui s'affairait à remettre rapidement de l'ordre dans sa chambre avant le retour de la femme de son oncle.

En le faisant, elle pensait que Nick était à l'extérieur et qu'il bouderait certainement quelque part dans un coin de la concession.

Mais Nick marcha et marcha longtemps. Il parcourut les huit kilomètres qui séparent la maison de la grande route goudronnée qui allait côté Ouest. Il se mit alors à vadrouiller, à aller dans tous les sens comme un être qui aurait perdu tous ses repères, piquant de temps en temps ces petits bouts de choses qu'il pouvait trouver sur son chemin.

Chapitre 3 : Nick, capturé sur la voie publique

La grande avenue avec ses magasins où Nick se fait prendre

C'est en errant sur cette route qu'il tomba nez à nez avec Flin-Marco, le directeur de la *société de capture d'animaux domestiques* en divagation qui était à la recherche d'animaux domestiques vagabonds qu'il emmènerait à la fourrière. Dans son véhicule, il y avait des personnes spécialisées pour la capture des animaux domestiques errants. Alors Nick se retrouva tout d'un coup dans la grille sans trop savoir comment ils avaient fait pour pouvoir l'attraper aussi facilement.

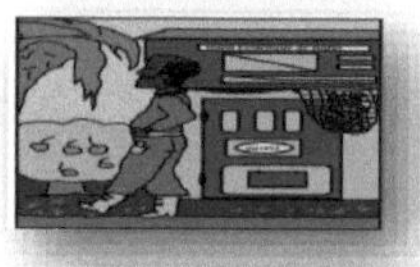

Le chien dans un filet tenu par Flin-Marco

Dans son petit cœur de chien, il se mit à regretter de s'être éloigné de la concession. Mais il était trop tard maintenant pour lui. Il ne connaissait pas le sort qui est souvent réservé aux animaux capturés. Il attendait de voir où finirait son étrange aventure. Sur la route, les gens de Flin-Marco repérèrent un autre chien qui, comme lui, fut pris et mis dans une autre cage tout à côté de lui. Ils roulèrent donc jusqu'à la grand 'ville. Là, se trouvait un asile pour animaux errants et capturés non loin de la municipalité. On se mit à les sortir un à un pour les loger dans ce grand enclos.

Soudain, un autre chien se mit à aboyer très fort si bien que toute l'attention se porta sur lui au moment même où on voulait sortir Nick pour qu'il rejoigne les autres chiens dans leur prison.

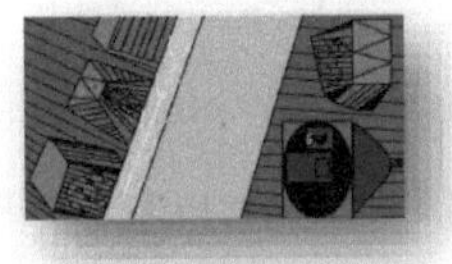

La cellule pour chiens

Le chien de Cristal, tout doucement, se glissa sous le véhicule et en rampant sur ses pattes, il disparut dans la nature. Ayant constaté l'absence de Nick, Flin-Marco ordonna à ses hommes de le rechercher et de le lui ramener le plus rapidement possible. On lança alors la chasse au chien disparu qui avait échappé à la vigilance de ses geôliers.

Nick est caché sous la voiture pendant que Flin-Marco réprimande ses employés

--- Qu'est-ce qui s'est même passé pour que ce chien nous échappe ? demanda l'un des agents à son compagnon.

--- Je ne comprends pas. L'essentiel pour moi c'est qu'on le retrouve ce connard de chien. Je ne voudrais pas qu'il trouve là une occasion de nous suspendre de notre salaire alors que la scène s'est bien passée devant lui, répliqua l'autre.

Ils le cherchèrent partout mais ils ne le virent pas. Ils rentrèrent donc jusqu'à leur base où les attendait leur patron. Ils lui rendirent compte le cœur battant. Celui-ci ne leur répondit pas. Pas un mot ne sortit de sa bouche pendant que ses hommes lui parlaient.

Le lendemain, alors qu'il cherchait le chemin du retour à la maison, un des hommes de Flin-Marco retrouva Nick derrière les buissons, cherchant de quoi manger car il avait faim. Il le captura et le ramena à monsieur Flin-Marco qui, après l'avoir identifié, lui affecta un numéro et ordonna qu'on le mît au cachot en attendant que son maître vienne payer les frais de contravention afin de le libérer. C'était là en réalité le pourquoi de ces captures. Il fallait éviter de laisser les animaux errer dans la nature car ils pouvaient faire des dégâts et même de l'irréparable parfois en mordant des gens.

--- Ton maître va payer le double des frais de contravention habituels, parla-t-il au chien qui lui répondit en aboyant.

Puis, après avoir toisé l'animal, il se retira.

Chapitre 4 : Cristal fait une libation pour son chien

La colère passée, la petite fille se mit à chercher son chien en regrettant de l'avoir réprimandé de la sorte. Cela faisait déjà quelques heures qu'elle ne l'avait pas vu à ses côtés. C'était la première fois que cela lui arrivait ainsi. Ils ne s'étaient jamais séparés aussi longtemps. Après avoir achevé la tâche que lui avait confiée la maîtresse de la maison, elle parcourut la concession et la campagne toute entière, dans tous les sens. Elle ne vit Nick nulle part. Elle ne pouvait pas s'imaginer que le chien, animal de son état, avait lui aussi un amour propre à défendre et que certaines attitudes pouvaient le vexer au point de l'amener lui aussi à piquer une folle colère qui l'amènerait à faire une fugue. Elle se mit à parler toute seule : « *ô mon p'tit Nick, où es-tu ? Tu me manques déjà. Tu sais que tu es mon seul compagnon, mon seul ami ici.* » Et tout d'un coup, elle éclata en sanglots. Mais pour ne pas attirer l'attention des villageois, elle se sécha les larmes avec son vêtement à chaque fois qu'elles commençaient à couler le long de ses joues.

Les jours qui suivirent, Cristal perdit l'appétit et l'envie de vivre. Elle attendait chaque jour que Nick revienne. Dans la maisonnée, ce qu'elle avait remarqué, c'est que personne ne s'était rendu compte de son absence. Elle comprit finalement que son ami intime ne comptait pour rien du tout dans cette maison.

Alors un jour, une idée lui vint à l'esprit. Elle avait entendu les grandes personnes parler du bienfondé des libations lorsqu'on les pratique et surtout quand on a un sérieux problème. Elle réunit tout ce qu'elle avait de précieux, d'ailleurs elle n'avait que ses pauvres vêtements et quelques petits jouets, et elle les mit dans un coin, derrière la cuisine. Elle posa tout à côté une lettre où elle écrivit un peu comme une prière : *« Nick, tu es pour moi un ami adorable. Et bien plus qu'un ami, tu es un frère, une parenté, plus qu'une âme sœur. Puisque je n'en ai pas une à vrai dire. Si je fais tout cela aujourd'hui, c'est pour que tu reviennes. Je vais brûler tout ce que j'ai de précieux dans cette maison en guise de sacrifice pour toi. Reviens, s'il te plaît. »*

Et elle mit le feu sur tout ce qu'elle avait comme nippes et sur son seul vêtement des jours de fête qu'on lui avait acheté depuis des années déjà.

Cristal brûle ses effets en guise de sacrifice

Des jours passèrent, et le chien n'était toujours pas retrouvé. Elle ne désespéra pas. Sa foi était forte. Quelque chose lui disait que rien de fâcheux n'était arrivé à Nick et qu'il reviendrait un jour. Cristal décida de jeûner des jours durant. Après une neuvaine de jours, elle ne vit pas revenir son petit chien bien aimé. Elle ne désespéra toujours pas. Elle se priva de télévision pendant des semaines. A la fin de cette privation, elle ne vit toujours pas revenir son chien.

Mais comme la patience a des limites, elle commença à désespérer. Elle se disait dans son cœur : « *mon p'tit Nick, si tu es déjà au ciel, s'il te plaît, fait moi un signe pour que je le sache et salue mes parents. Je t'aime.* »

Après, lorsque le temps passa, elle se dit encore : « *finalement tout ce que j'ai fait n'a servi à rien. J'ai brûlé mes pauvres vêtements, je me suis privé de nourriture et de télévision, jusque-là rien. Que faut-il donc faire ?* » Et elle éclata en sanglots une nouvelle fois. Elle décida de se trouver un autre compagnon animal celui qui lui plairait. Mais il lui arrivait de penser qu'elle n'aimerait aucun autre animal comme elle aimait Nick.

Un vendredi, jour de marché où les villageois se retrouvaient pour vendre qui le produit de son champ, qui l'œuvre de ses mains, elle s'y rendit avec le cœur plein d'espoir. Elle fit un tour à la fourrière car elle savait qu'il existait un service en ville qui s'occupait de la capture des chiens errants. C'était le grand jour du marché, le jour des nouvelles rencontres mais aussi le jour où ceux de la ville recevaient des nouvelles venant des villages les plus reculés. C'était aussi le grand jour des aventures où des femmes se faisaient courtiser et même kidnapper comme il est prévu dans la tradition concernant le mariage traditionnel. Flin-Marco et ses employés avaient abandonné les animaux dans leurs cages pour aller boire du bon vin de palme à la grande place du marché. Car, ce jour était particulier pour les habitants de cette localité et ses environs. Le bon nectar du palmier recueilli la veille ou alors le matin même, coulait à flots et les hommes comme les femmes et les jeunes gens s'en abreuvaient à qui mieux.

Cristal avait quitté le village de Bégui sans le dire à personne. Elle n'avait pas obtenu la permission de son tuteur avant de se rendre en ville. Elle avait donc peur de rencontrer un habitant du village qui rendrait compte à son tuteur et sa femme qui tous étaient absents du village, ce qui lui vaudrait d'autres remontrances du genre « *je vais te foutre dehors* ». Elle profita alors d'une occasion qui s'était présentée à elle. Elle sauta dans un véhicule qui allait chercher commerçants de Bégui qui étaient déjà en retard au rendez-vous du grand marché de djoumba et dont le conducteur lui était familier. Elle regagna Bégui. Car elle avait peur de rencontrer quelqu'un qui la reconnaisse et qui rendrait compte à son tuteur. Elle rentra donc chez elle mais ce fut avec de la tristesse pleine dans son cœur. Elle avait dépensé sans résultats toutes ses petites économies et elle le regretta très amèrement.

Elle s'assit sous l'oranger près de la cabane de jeu où les habitants de la concession avait l'habitude de jouer au jeu de dame ou au jeu de boules. Elle regretta aussi de s'être mal comportée envers son chien.

Pour se distraire, elle prit une bassine et prit le chemin de la rivière Pêlam pour aller chercher de l'eau, question de faire quelques provisions d'eau avant le retour du couple qui l'hébergeait. Mais c'était beaucoup plus pour se refaire un bon moral et essayer d'oublier même si cela la rendait si triste.

Chapitre 5 : Cristal rencontre Georges

Sur le chemin du retour, elle rencontre Georges, un jeune du village qui, lui, allait rendre visite aux pièges qu'il avait tendus le soir de la veille.

--- Cristal, comment te portes-tu ? demanda-t-il.

--- Très mal, lui répondit-elle. As-tu vu mon chien ? Il a disparu depuis plusieurs jours déjà.

--- Oh, oui je me souviens ! Je l'ai vu il y a quelques jours effectivement. Il se dirigeait vers la ville. Je croyais que tu serais dans les parages. Et comme tes tuteurs n'aiment pas nous voir ensemble, je croyais aussi que vous seriez non loin de là et j'ai préféré me barrer très vite.

--- Tu as eu tort. J'ai réprimandé mon chien parce qu'il a foutu le bordel dans ma chambre. Alors il est sorti et je ne l'ai plus revu jusqu'à ce jour. Dis-moi où l'as-tu vu pour la dernière fois ?

--- Il était devant la fontaine de l'étoile dorée.

La fontaine de l'étoile dorée était une source où les habitants des villages voisins se ravitaillaient en eau potable et fraîche provenant des profondeurs de la terre.

--- Allons-y voir, dit-elle.

--- Non, cela fait déjà des jours que je l'ai vu. Il ne peut pas se trouver à la même place aujourd'hui. Et puis la nuit tombe déjà. C'est dangereux. Et s'il a osé se diriger jusqu'à la grande route, je veux dire jusqu'à l'axe lourd, il est probable que les gens de la fourrière qui rodent par-là jour et nuit l'aient récupéré. Et dans ce cas, il doit être dans l'enclos chez Flin-Marco. A moins que les mangeurs de chien lui aient tendu un piège afin de l'utiliser pour leurs rituels gastronomiques.

--- Allons-y. Si tu le veux bien. Je dépose ma bassine d'eau. Ma chambre est à l'extérieur. D'habitude, mon tuteur et sa femme se foute pas mal du fait que je sois là ou pas. Je l'ai remarqué depuis que j'habite ici. C'est au lever du jour qu'ils m'appellent lorsqu'il faut faire une commission. Parfois, ils constatent que je suis très matinal. J'ai encore un peu d'argent que je mets de côté et qui me provient des gratifications que les gens me donnent discrètement, connaissant les mauvais quarts d'heure que je passe dans cette maison. Donc, ne t'inquiète pas trop. On sortira par l'arrière-case et on empruntera le chemin par la brousse pour aller vers la grande route. Je suis sûre qu'on trouvera une voiture pour la ville. On dit que la foi peut faire déplacer une montagne, n'est-ce pas ? Peu m'importe ce qui m'arrivera après. Je subirai tout pour l'amour de mon chien.

--- D'accord, dit Georges, mais à une condition. Tu sais laquelle ? Que tu me fasses un gros baiser avant tout. Le Créateur t'a gratifié d'une très belle bouche avec de belles lèvres. Et chaque fois que je te vois, j'ai une folle envie de t'embrasser, j'ai envie d'en savoir le goût.

Cristal hésita un moment. Tout ce qui a trait à l'amour, les mots, les gestes et autre chose, enflamme toujours les cœurs, qu'on soit petit ou grand. Mais comme elle voulait à tout prix revoir son chien, elle se dit qu'elle aurait tort de rater une si belle occasion à cause d'un tout petit baiser. Elle lui accorda ce privilège. Et Georges lui promit de tout faire pour qu'elle retrouve son chien s'il était encore en vie. Même au risque de sa vie.

La nuit arrivait très rapidement si bien que l'obscurité devenait de plus en plus pesante. Au fond de son cœur, Cristal avait quelques remords. Elle venait de se rappeler que Georges était son cousin et qu'ils ne devraient pas aller jusque-là. Le garçon lui-même savait bien qu'elle était sa cousine et surtout, ils étaient des cousins germains. Ce qui voulait dire que des actes incestueux leur étaient proscrits. Mais puisqu'il fallait trouver son chien, le jeu en valait bien la chandelle. Quant au garçon, lui, c'est la merveille de la création qu'il admirait souvent de loin qu'il voulait découvrir à cette occasion. Rien de plus. C'est cela qui lui donnerait le courage, la témérité d'un fauve pour pouvoir rendre service à cette fille qu'il aimait pourtant en secret. Tout le reste dépendrait de la manière et de l'effet que ce baiser produirait dans le cœur et dans l'esprit de Cristal.

Heureusement pour eux, la foi aidant, ils trouvèrent rapidement une voiture qui était de passage. Celle-ci les conduisit en ville en quelques minutes. Ils se rendirent aussitôt chez Flin-Marco et s'adressèrent à Andi le gardien des lieux.

--- Les chiens n'ont pas de nom comme les hommes. Comment voulez-vous que je reconnaisse votre chien ?

Cristal essaya d'appeler. Mais tous les chiens se mirent à aboyer à la fois.

--- Vous voyez donc que j'avais raison. Ils répondent tous quand on appelle l'un d'entre eux. Même les animaux savent se jouer des gens.

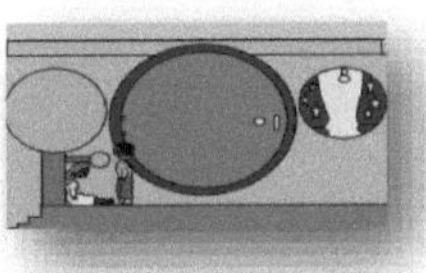

Sous un arbre, les deux amis s'entretiennent

Dépassés par les événements, les deux jeunes gens, ne sachant à quel saint se vouer, quittèrent les lieux lourdement pour rebrousser chemin au village avant que le jour ne se lève.

Sur la route Cristal pensait au baiser qu'elle avait donné et reçut de Georges son cousin qui lui avait promis de tout faire pour qu'elle retrouve son chien. Elle se disait même qu'il s'est joué d'elle. Mais malheureusement, un baiser donné ne se reprend pas. Ils firent le trajet en direction du village sans se dire un mot car Cristal était bien en colère. Ce qui faisait que son compagnon n'avait pas le courage de lui parler. Car, tout au fond de lui, il se reprochait de n'avoir pas pu lui être utile. Il lui arrivait de penser à sa jeunesse et son manque d'expérience. Mais à quoi cela servirait-il ? Cristal voulait revoir son chien. C'est tout. Il n'y avait rien d'autre à ce moment qui pouvait lui rendre sa bonne humeur habituelle et sa joie d'avoir un être à ses côtés. Même si ce n'était qu'un animal de compagnie.

Chapitre 6 : Nick est vendu à Monsieur Cody

Juste après leur départ, un certain monsieur Cody arriva chez Flin-Marco et trouva le même gardien en poste. Il venait négocier avec ce dernier pour qu'il lui vende à l'improviste un chien parmi les chiens errants dont il était le geôlier.

--- Bonjour monsieur, lui dit-il.

--- Bonjour monsieur, répondit Andi. Il se fait tard. Qu'est-ce qui vous amène à moi à pareil moment ? Que puis-je faire pour vous ? lui demanda-t-il en prenant une certaine distance au cas où cet homme serait suspect.

--- Je suis venu vous voir pour faire affaire avec vous. Je sais que vous avez ici beaucoup de chiens errants que vous gardez parce qu'ils n'ont pas ou n'ont plus de patron. Alors j'aimerais m'en procurer un pour pouvoir lui offrir ce que l'ex-propriétaire n'a pas pu lui donner. C'est-à-dire un logis sûr et un bon traitement. Il sera un bon gardien de ma concession.

Monsieur Cody négocie l'achat du chien avec le gardien

Le gardien fit le tour du domaine pour s'assurer qu'il n'y avait personne dans les parages qui pourrait faire obstacle à ce deal. Il revint au pas de course et demanda au monsieur.

--- Pouvez-vous répéter ce que vous avez dit tout à l'heure ? Non laissez tomber. Je vous ai bien compris. Alors faisons vite. Vous savez, j'ai besoin d'argent. Et notre patron ici est très radin. Il ne paie pas bien ses employés. Alors si je peux me faire un peu d'argent de la sorte, je n'hésiterais pas.

Andi ouvrit l'enclos où résidaient les chiens et monsieur Cody porta immédiatement son choix sur Nick le chien de Cristal.

--- Combien vais-je vous donner pour ce magnifique chien, lui demanda-t-il.

Lorsque Nick entendit que le choix avait été porté sur lui, il se mit à aboyer énergiquement, en manifestant sa colère et son refus de ne pas être vendu sans l'autorisation de Cristal sa jeune maîtresse qu'il rêvait de revoir un de ces quatre matins.

--- Cinquante mille francs CFA. Vous voyez, il est très beau et magnifique. En plus, il est très intelligent.

--- Bien, dit-il, pour ne pas faire échouer notre affaire et vous créer des problèmes avec votre patron qui peut surgir ici d'un moment à l'autre, je vous donne quarante-cinq mille, les voilà, dit-il, en lui tendant l'argent. Cela vous permettra de résoudre quelques-uns de vos problèmes à la maison. J'imagine que vous êtes un père de famille. Et je comprends bien ce que ça veut dire quand on travaille sans salaire.

--- D'accord. Il est à vous ! Marché conclu. Dépêchez-vous de l'emporter avant qu'on ne s'en rende compte, conseilla Andi.

Et l'homme s'éloigna avec Nick qu'il avait embarqué dans son véhicule. Pendant que le véhicule avançait, Nick aboyait sans cesse. L'homme l'emmena donc chez lui et le mit en cage. Il le libérait souvent à certaines heures de la nuit.

Entre temps, Georges avait réussi à faire parler Cristal et ils avaient convenu ensemble de retourner en ville pour voir cette affaire. Car, Georges tenait à sa promesse, ne voulant pas se rendre ridicule aux yeux de la fille dont il était follement amoureux. Il pensait que cela réduirait son charisme et ses chances de réussite en la matière.

Chaque matin, à midi et le soir, Nick avait sa ration journalière comme tous les habitants de la maison chez monsieur Cody. Mais en une semaine, Nick avait mordu tous les enfants de monsieur Cody. Lui-même avait fini par passer la trappe. Alors, ayant marre de ce chien qui mordait tout le monde à la maison pour un rien, il décida de le ramener chez Flin-Marco où il l'avait pris pour éviter que sa femme ne l'abatte comme elle l'avait promis. Et comme il l'avait acheté de nuit, il préféra aussi aller le remettre à la nuit tombée.

Chapitre 7 : Cristal et Georges retrouvent Nick

En sortant de chez lui cette nuit-là, monsieur Cody tomba nez à nez avec Cristal et Georges qui erraient dans les rues de cette localité à la recherche du chien de Cristal. La jeune fille reconnut son chien au bout d'une lesse que tenait l'homme et elle dit au garçon :

--- Georges, voilà Nick. Rapprochons-nous pour savoir qui est ce Monsieur et où il l'a trouvé. Allons rapidement voir ça de près, martela Cristal.

Pendant ce temps, Nick qui avait vite reconnu sa jeune maîtresse, faisait maintenant jouer sa queue dans toutes les directions. Sa langue mobile pendait, salivant presque. Les yeux aussi brillaient et roulaient dans les orbites comme des billes enflammées.

--- Attends. Allons-y tout doucement, conseilla Georges.

Arrivée devant le monsieur, elle lui demanda :

--- Monsieur, que ma question ne vous importune pas. Est-ce que je peux savoir d'où ou bien alors de qui vous tenez ce chien ? Je le cherche depuis des jours. Il est à moi.

A peine Cristal avait-elle commencé à parler à ce monsieur que Nick sauta sur elle, très content de l'avoir enfin revue. L'homme était très surpris de voir le comportement du chien devant la petite fille.

--- Ce chien, je l'ai acheté chez quelqu'un et je m'en vais de ce pas le lui remettre parce qu'il a déjà mordu toute ma famille ainsi que moi-même. Regardez ça. J'ai des bandages partout. Je vais lui donner à manger, il me mord. Je le caresse, il me mord et bien profondément, s'il vous plaît. Pareil pour mes enfants et ma femme. Alors pour éviter que ma femme ne lui fasse de mal et comme j'aime bien les animaux, je préfère le ramener où je l'ai pris.

Cette version plut beaucoup à Cristal et à Georges. Mais l'homme le ramena sous leurs yeux. Cristal se mit à pleurer à chaudes larmes.

--- Sèche tes larmes et allons manger des ananas frais pour oublier un peu cela, puis nous reviendront à la charge, lui dit Georges.

Et elle répondit :

--- Non, je ne veux pas d'ananas. Je veux mon p'tit Nick.

Les deux jeunes gens suivirent le trajet de monsieur Cody et se rendirent compte qu'il se dirigeait chez monsieur Flin-Marco. Ils comprirent alors que c'est quelqu'un de cette maison qui avait vendu Nick à monsieur Cody. Et c'était le gardien des lieux. Ils s'approchèrent de lui juste au moment où celui-ci sortait de la barrière pour entrer dans sa voiture.

--- Bonjour monsieur. S'il vous plaît, pourrais-je récupérer mon chien ? lança Cristal. C'est le seul ami que j'ai sur terre. Vous ne pouvez pas me l'enlever comme çà.

--- Où avez-vous laissé votre chien mademoiselle pour qu'il se retrouve ici et dans cette posture ? demanda l'homme.

--- Il a fait une gaffe à la maison. Alors je l'ai réprimandé. Paraît-il qu'il se soit senti abusé et il s'est échappé pour aller ruminer sa colère loin de la maison. Au fur et à mesure, il s'est éloigné de la maison. Et ça fait plusieurs jours et plusieurs nuits que nous le cherchons en vain.

--- Pour cela je dois voir tes parents avant de te le rendre.

--- Je vis chez mon oncle. Mais parents sont morts depuis longtemps. Et tout n'est pas rose là-bas. En plus, nous sommes à Bégui. Nous ne vivons pas dans la ville de Bafia. Je suis sûre qu'ils ne prendront pas cette affaire au sérieux. Sa femme risque même de trouver là un stratagème pour obliger son mari à me faire partir de la maison. Il y a longtemps qu'elle cherche une raison pour arriver à ses fins.

--- Allez, montez dans ma voiture et allons à Bégui. Ça fait longtemps que je n'y ai pas mis les pieds. Vous me donnez là l'occasion d'aller encore admirer ses beaux palmiers à huile, la campagne en général et surtout le climat légendaire de la colline aux oiseaux.

--- Et mon chien, réclama Cristal.

--- Oui, vous avez raison. Je vais demander qu'on vous le rende même s'il faut que je paie une amende. Il s'arrêta pour consulter son portefeuille. S'il n'est pas à vous, alors je le ramènerai ici, leur dit-il.

--- C'est son chien, confirma Georges. Tout le village même le connaît ce chien et son histoire.

Monsieur Cody ramena alors Nick à Cristal après avoir donné quelques billets de banque au vigile.

Ils prirent alors la route en direction de Bégui.

En moins d'une demi-heure, le trajet était couvert.

Elle courut appeler la femme de son oncle dans l'espoir qu'elle règlerait son problème. Mais elle refusa. Elle se mit à genoux et supplia. Elle finit par accepter malgré elle.

--- Bonjour madame Maria, comment-allez-vous ? salua monsieur Cody.

--- Bien, monsieur Cody ! Et vous-même ?

--- Je vais bien, grâce à Dieu.

--- J'ai appris que vous avez retrouvé le chien de la nièce de mon mari.

--- Bien sûr madame, je voulais que vous me rassuriez que la nièce de votre mari avait bel et bien un chien. Tout est clair maintenant que je sais que ce beau chien marron est bien le sien. Je vais maintenant continuer ma promenade dans le village.

--- Je vous en remercie infiniment monsieur Cody. Vous êtes toujours gentil avec nous. Continuez ainsi. Que Dieu vous bénisse. Dites bien des choses à votre épouse de ma part, conclut madame Maria l'épouse de l'oncle de Cristal.

--- Merci beaucoup madame. Il n'y a pas meilleur souhait que celui-là.

Et il se retira. Cristal retrouva la joie de vivre et le grand sourire qui lui avait fait défaut depuis des semaines. Mais grande était sa surprise lorsque la femme de son oncle s'adressa à elle.

--- Tu t'es permise de sortir et de voyager sans permission, juste pour l'amour de ton chien, n'est-ce pas ? Alors tu as toute la journée de demain pour te rattraper. Toutes les besognes que tu n'as pas faites pendant ce temps, devront être faites sans tarder, compris ?

--- Oui, maman, dit-elle.

--- Je ne suis pas ta mère. Elle est décédée des suites des conséquences d'une infidélité flagrante chez un de ses copains. C'est honteux non ? Et tu m'appelles maman. Ce n'est pas possible.

--- J'ai compris que vous n'êtes pas ma mère, répondit Cristal en écrasant quelques larmes de regrets.

Entre temps, du côté de l'entreprise, le géôlier n'avait pas remis l'argent perçu des mains de monsieur Cody à la caisse de la structure qui l'employait. Et lors de l'inventaire, monsieur Flin-Marco se rendit compte qu'il y avait un chien qui manquait à l'appel. Les vigiles ne lui apportèrent aucune explication à ce sujet. Et à ce qu'il paraît, lui-même avait l'intention de s'en accaparer au cas où personne ne venait le réclamer dans les délais requis.

Monsieur Flin-Marco décida donc de parcourir tous les villages en commençant par les environs de là où le chien avait été capturé.

Le lendemain après-midi, en passant par Bégui, il vit la petite fille avec son chien. Quand il fut tout près d'elle, il l'appela :

--- Fillette, fillette, où vas-tu avec ce chien. Il est à moi !

Lorsqu'il sortit de son véhicule pour s'adresser à Cristal, elle sentit qu'il était vraiment ivre. Et en voulant courir, il la rattrapa une fois de plus et la balança dans les herbes fraîches. Elle se releva péniblement et aussitôt elle saisit le vêtement de Flin-Marco et se mit à appeler au secours pendant que ce dernier cherchait à enfermer le chien dans sa bagnole.

La dispute dans la cour du village

Entre temps, Nick avait mordu Flin-Marco à la fesse. C'était une morsure assez profonde et il avait pris la clef des champs. Il alla se réfugier dans la chambre de sa petite maîtresse. Et pendant que tout le village s'en mêlait, Cristal, très malignement, et pour se venger du traitement que lui avait infligé Flin-Marco, alla ouvrir les cages dans lesquelles se trouvaient quelques chiens capturés sur la voie publique et les fit sortir tous. Et chacun pris la direction qui lui plaisait. Le chef du village, qui avait été mis au courant, pour éviter que ses concitoyens ne brutalisent pas un étranger, dut intervenir efficacement. Et plus tard, tout rentra dans l'ordre.

Monsieur Flin-Marco, s'étant rapproché de son véhicule, constata que les chiens capturés avaient disparus. Accuser Cristal ? Non. Car, ni lui ni ses deux collaborateurs ne l'avaient vu ouvrir le cachot pour que les chiens s'en aillent. Accuser tout le village alors ? C'était trop oser à vrai dire. Il avait peur de se faire lyncher cette fois pour de vrai. Et c'est sûr que le chef se tairait cette fois

sans intervenir en sa faveur. Il décida d'embarquer ses gens et ils repartirent sur Bafia, très déçus par la fin de leur aventure à Bégui.

Des années passèrent, Cristal et Georges commencèrent à se rapprocher petit à petit malgré le lien de sang qui les unissait.

Un jour, Georges demanda à Cristal de sortir avec lui. Il ne voulait pas lui dévoiler ses sentiments d'une manière brusque et ouvertement. Il voulait le faire selon les règles de l'art pour éviter tout échec. Surtout quand il se rappelait qu'il avait tenu compagnie à Cristal jusqu'à ce qu'elle retrouve son beau petit chien adoré, il avait espoir que cette orpheline ne le décevrait pas. Pourtant, à voir de très près, les deux jouvenceaux s'aimaient vraiment déjà.

Des jours passèrent. Et au fil du temps, les sentiments devenaient de plus en plus forts. Une nuit, Georges se leva et alla se mettre à la fenêtre de la chambre de Cristal et lui glissa un papillon de papier sur lequel il avait écrit : « *Amour de ma vie, prunelle de mes yeux, tu me manques tellement. J'aimerais tant que tu te retrouves dans mes bras. Est-ce que cela peut-il être possible puisque nous sommes encore sous l'autorité de nos parents et tuteurs qui ne nous permettrons plus jamais de sortir la nuit. Oh ! Toi l'amour de ma vie, je t'aime tellement, même si on nous dira que la parenté est obstacle très sérieux. Que dois-je faire donc ? Comment faire pour la briser cette barrière farouche ?* ».

Le rendez-vous en amoureux à la rivière Pêlam

Lorsqu'elle lut ce mot, son cœur se mit à battre la chamade. Sentant qu'il était encore là tout près, elle lui parla en appuyant sa bouche comme une lézarde du côté de la fenêtre. Elle lui avoua qu'elle l'aimait aussi. Ils se donnèrent donc rendez-vous le lendemain matin à la grande rivière Pêlam, à l'heure où tout le monde est au champ. Car c'était la saison des semailles. Elle le rassura en lui disant qu'elle feindrait d'être très malade pour ne pas aller au champ. Et étant donné que le champ était à trois kilomètres environs de la maison, ils auraient plus de temps pour se dire des tas de choses qui pourraient consolider leur amour naissant. Et là debout sur les pierres noires sur lesquelles coulait une eau claire, rafraîchissante, ayant des vertus thérapeutiques, les deux jeunes gens, tout en faisant le guet, s'embrassèrent franchement et pour la première fois, à l'insu de tout le village mais en présence du règne végétal et minéral alentour. Quelques oiseaux arrêtèrent leurs vols à tire d'ailes pour venir les regarder s'embrasser comme s'ils voulaient un jour le faire aussi à la manière des humains.

Gervais Daniel Gaëtan NDANGUE KOTONG

Yaoundé. Rue 1628-Ngousso-yaoundé 5

+(237) 6 93 73 91 00

kotongdaniel@gmail.com

Pour l'amour de son Chien

Œuvre écrite en Juillet 2012

NOTES

45

NOTES

Printed by Books on Demand GmbH, Norderstedt / Germany